BEI GRIN MACHT SICH IHR WISSEN BEZAHLT

- Wir veröffentlichen Ihre Hausarbeit, Bachelor- und Masterarbeit

- Ihr eigenes eBook und Buch - weltweit in allen wichtigen Shops

- Verdienen Sie an jedem Verkauf

Jetzt bei www.GRIN.com hochladen und kostenlos publizieren

Marina Reiter

High Speed Cutting - Fräsen

GRIN Verlag

Bibliografische Information der Deutschen Nationalbibliothek:

Die Deutsche Bibliothek verzeichnet diese Publikation in der Deutschen National-
bibliografie; detaillierte bibliografische Daten sind im Internet über http://dnb.d-
nb.de/ abrufbar.

Impressum:

Copyright © 2011 GRIN Verlag GmbH
Druck und Bindung: Books on Demand GmbH, Norderstedt Germany
ISBN: 978-3-640-98321-6

Dieses Buch bei GRIN:

http://www.grin.com/de/e-book/176776/high-speed-cutting-fraesen

STUDIENARBEIT

Masterstudiengang Wirtschaftsingenieurwesen

Technologiemanagement

H$_{igh}$S$_{peed}$C$_{utting}$ - Fräsen

Februar 2011

Inhaltsverzeichnis

Abbildungsverzeichnis

Abkürzungsverzeichnis

CNC   Computerized Numerical Control

CAM   Computer Aided Manufactoring

HSC   High Speed Cutting (Hochgeschwindigkeitsbearbeitung)

HPC   High Performance Cutting (Hochleistungsbearbeitung)

kV   Beschleunigungsspannung

HSK   Hohlschafstkegelaufnahme

a_p Spantiefe

a_e Spanbreite

R   Oberflächenrauhigkeit

HRC   Härteprüfung nach Rockwell

HR - *Hardness Rockwell* (Härte nach Rockwell)

C - *cone* (Kegel): gibt die Skala und damit die Prüfkörper und -kraft an; Diamantkegel mit 120° Spitzenwinkel, Prüfvorkraft von 98,0665 N[1]

v_c Schnittgeschwindigkeit [m/min]

v_f Vorschub [mm/min]

---

[1] (wikipedia, Härte, modifiziert:2011)

1 Einleitung

Im Zuge der Globalisierung wird in allen Bereichen der Produktion nach Möglichkeiten und Chancen effektiver Bearbeitungstechniken und Prozesstechnologien gesucht. Um diesen internationalen Wettlauf gerecht zu werden müssen die Anforderungen der Produktion nach geringeren Durchlaufzeiten, hoher Qualität und steigender Produktivität innovativ gelöst werden. Unter diesen Gesichtspunkten spricht man in der Fertigungstechnik von intelligenten „Fertigungssystem". Vor allem in der Zerspanungstechnik, insbesondere in der Frästechnologie, stellt hier das High Speed Cutting (HSC) ein großes Potential dar.[2]

Die sogenannte Hochgeschwindigkeitsbearbeitung wird von vielen für eine ausgereifte Technologie gehalten. Als diese zum ersten Mal vor über zehn Jahren auch in der Praxis angewendet wurde, haben zahlreiche Firmen aus Marketinggründen versucht, ihre Produkte mit dem Label HSC zu schmücken, obwohl dies oft nicht der Fall war. In der heutigen Zeit ist die Hochgeschwindigkeitsbearbeitung eine etablierte Technologie, wobei es nach wie vor schnelle und bedeutende Weiterentwicklungen gibt, welche zu großen Unterschieden zwischen den am Markt angebotenen Techniken, insbesondere der Hochgeschwindigkeitsfräszentren, führen. Die Ziele sind die gleichen geblieben. Die Unternehmen versuchen die Bearbeitung schneller, genauer, besser und flexibler zu gestalten, um somit einen aufeinander abgestimmten optimalen Fertigungsprozess zu gewährleisten. [3] Die Basis der HSC-Fräsbearbeitung stellen neue Maschinenentwicklungen dar, die innovative, extrem schnelle und leistungsstarke Elemente besitzen.

Diese wissenschaftliche Arbeit soll einen Überblick über das Technologiegebiet des HSC-Fräsens geben. Als erstes wird eine Einführung in die Frästechnologie gegeben. Desweiteren wird auf die Definition und Einflussparameter des HSC-Fräsen eingegangen, die Integration des HSC-Fräsens in die Prozesskette erläutert und auf die dadurch resultierenden Vorteile gegenüber den konventionellen Fräsmethoden eingegangen. Die spezifischen Merkmale und Faktoren, die eine optimale HSC-Bearbeitung ermöglichen und die aktuellsten Technologien, die im nachfolgenden vorgestellt werden, stehen im Fokus dieser Arbeit. Die Erläuterung der Chancen und Risiken und der Ausblick über die zukünftige HSC-Technologie schließen diese Arbeit ab.

---

[2] Vgl. (Scheja, 2010, S. 4)
[3] Vgl. (Röders, 2010)

2 Einführung in die Frästechnologie

König und Klocke definieren das Fräsen wie folgt:

„Fräsen ist ein spanabhebendes Fertigungsverfahren mit kreisförmiger Schnittbewegung eines meist mehrzahnigen Werkzeugs zur Erzeugung beliebiger Werkstückoberflächen."[4]

Eine weitere ähnliche Definition ist in der DIN 8589 zu finden:

„Fräsen ist Spanen mit kreisförmiger, einem meist mehrzahnigen Werkzeug zugeordneter Schnittbewegung und mit senkrecht bzw. schräg zur Drehachse des Werkzeuges verlaufender Vorschubbewegung."

Die Besonderheit beim Fräsen liegt in der diskontinuierlichen Spanabnahme, das bedutet eine rhytmisch wiederkehrende Spanunterbrechung und Schnittkraftschwankung. Das Werkzeug führt die rotierenden Hauptbewegungen aus.

2.1 Unterscheidung nach der Laufrichtung

Grundsätzlich wird zwischen Gleichlauffräsen und Gegenlauffräsen unterschieden.

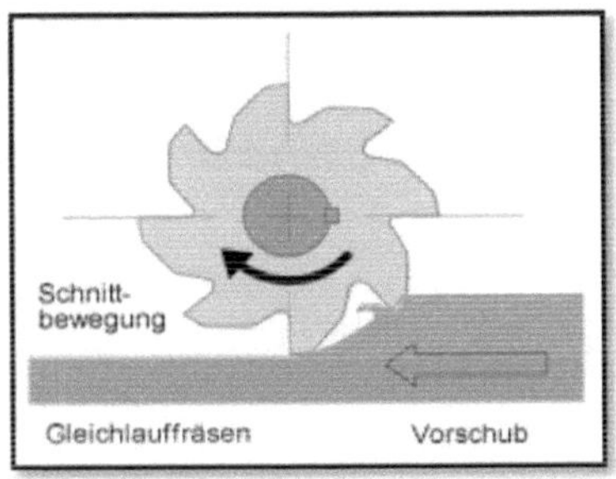

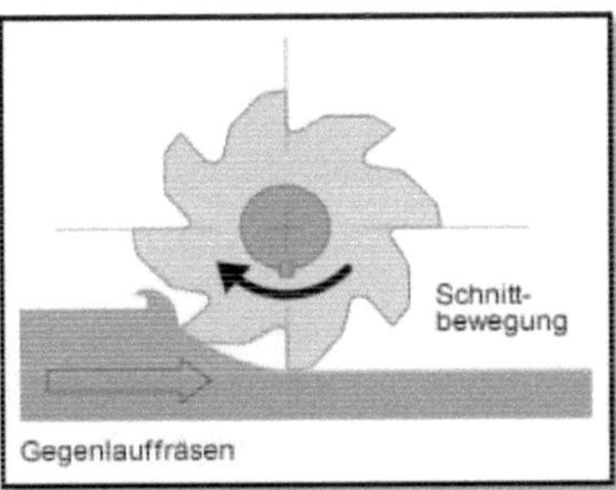

Abbildung 1: Gleichlauffräsen/Gegenlauffräsen[5]

Gegenlauffräsen:

In der Schnittzone ist die Drehrichtung des Fräsers entgegengesetzt zur Vorschubrichtung des Werkstücks. Das Werkzeug erzeugt einen Span, dessen Breite bei 0 anfängt und am Ende des Schnittes den maximalen Querschnitt erreicht.

---

[4] (König & Klocke, 2002, S. 337)
[5] (Witec Präzissionstechnik, 2010)

Gleichlauffräsen:

In der Schnittzone stimmt die Drehrichtung des Fräsers mit der Vorschubrichtung des Werkstücks überein. Zu Beginn des Schnittes tritt die Schneide auf das Werkstück und erzeugt den größten Spanquerschnitt. Beim Gleichlauffräsen erfolgt gegenüber dem Gegenlauffräsen eine Verbesserung der Standzeit und der Oberflächengüte des Werkstückes. Der Verschleiß des Werkzeuges ist geringer, die Späne werden leichter abgeführt und weniger Kraft wird benötigt.[6]

2.2 Unterscheidung nach den Fräsverfahren

Nach der DIN 8589, Teil 3 wird das Fräsen in 6 Gruppen unterteilt. Die Einordnung erfolgt nach den Gesichtspunkten Oberflächengüte, Form des Werkzeuges und Kinematik:[7]

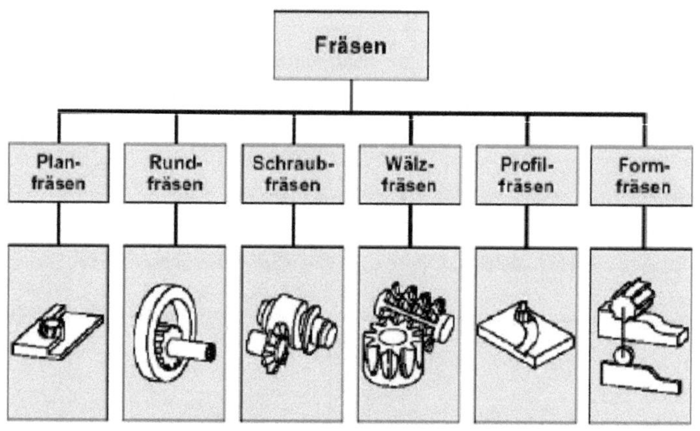

Abbildung 2: Fräsverfahren [8]

Planfräsen:

- Erzeugung von ebenen Flächen
- Geringe Vorschubbewegung
- Umfangs-Planfräsen, Stirn-Planfräsen, Stirn-Umfangsfräsen

Rundfräsen:

- Herstellung von zylindrischen Flächen mit Hilfe von Außen- und Innen-Rundfräsen
- Kreisförmige Vorschubbewegung

---

[6] Vgl. (urbschat tools, 2011)
[7] Vgl. (Director Referate)
[8] (Jacobs, 2006, S. 30)

- Außenrundfräsen, Innenrundfräsen (Bild)

Schraubfräsen:

- Herstellung von schraubenförmigen Flächen z.B. Gewinde, Verschraubung
- Wendelförmige Vorschubbewegung
- Gewindefräsen, Zylinderschneckenfräsen (Bild)

Walzfräsen:

- Herstellung von ebenen und räumlichen Flächen mit profilierten Fräsern z.B. Zahnräder, Keilwellen
- Gleichzeitige Vorschub- und Wälzbewegung
- Zahnradfräsen (Bild)

Profilfräsen:

- Herstellung von speziellen Profilen z.B. beim Fräsen von Nuten, Radien, Zahnräder, Führungen
- Profil des Fräsers zeichnet sich auf dem Werkstück ab
- Rund-Profilfräsen, Längs-Profilfräsen (Bild)

Formfräsen:

- Erzeugung von beliebig ebenen und räumlichen Flächen mit Freiformfräsen (Gravieren), NC-Formfräsen und Nachformfräsen
- Gesteuerte Vorschubbewegung
- Nachformfräsen, NC-Formfräsen[9]

2.3 Unterscheidung der Fräser

Aufgrund der Vielseitigkeit der Fräsverfahren gibt es auch dementsprechend viele verschiedene Konstruktionen der Fräser. Die Fräserwerkzeuge werden nach dem Einsatzzweck des Fräsers bzw. der zu fräsenden Form unterschieden. Im Folgenden ist ein Überblick über die verschiedenen Fräserarten und Werkstückformen gegeben:[10]

---

[9] Vgl. (Awiszus & Bast, 2007, S. 151)
[10] Vgl. (Metall-Technik-Werkzeug, 2009)

- Walzenfräser (DIN 884): Planfräsen ebener Flächen
- Walzenstirnfräser (DIN 1880): an ebenen Flächen
- Scheibenfräser (DIN 885): breite-, tiefe Nut
- Nutenfräser (DIN 1890): schmale-, flache Nut
- Winkelstirnfräser (DIN 842): winkelige Führung
- Prismenfräser (DIN 847): prismatische Führung
- Konvexfräser (DIN 856): konkave Kurven / Form
- Konkavfräser (DIN 855): konvexe Kurven / Form
- Langlochfräser (DIN 327): Keilnuten und Langlöcher
- Schaftfräser (DIN 844): tiefe Nuten und durchgehende Langlöcher
- T-Nutenfräser (DIN 851): T-Nuten (DIN 650)
- Gesenkfräser (DIN 1889): Gesenke und Formen
- Kreissäge (DIN 1838): tiefe, schmale Schlitze
- Zahnformfräser: Zahnräder fräsen
- Abwälzfräser: Zahnrad fräsen
- Messerkopf: ebene Fläche

3 HSC-High Speed Cutting

3.1 Definition

Der Begriff HSC - High Speed Cutting, zu Deutsch Hochgeschwindigkeitsbearbeitung wird verwendet ohne dass eine eindeutige auf physikalischen Grundlagen beruhende Definition existiert. Im Allgemeinen wird in der Literatur die Definition über die Schnitt- und Vorschubgeschwindigkeit definiert.

High Speed Cutting: „…die Fertigung unter Verwendung hoher Schnittgeschwindigkeiten (Spindeldrehzahlen) und/oder gleichzeitig großen Vorschubgeschwindigkeiten, zur Erreichung kurzer Bearbeitungs- bzw. Durchlaufzeiten."[11]

Eine Erweiterung der Definition umfasst den gesamten Fertigungsprozess. Alle beteiligten Prozessparameter müssen berücksichtigt werden mit dem Ziel, die Kosten bei maximalem Nutzen signifikant zu senken. Die optimale Zerspanungslösung besteht aus dem perfekten Zusammenspiel von unter anderem Werkzeugmaschine, Werkzeug, Werkzeugspanntechnik, Kühlschmierstoff und den zerspanungstechnischen Parameter wie Spindeldrehzahlen und Vorschüben bzw. Schnittgeschwindigkeit.

Natürlich werden von den Unternehmen in den meisten Fällen höhere Schnittgeschwindigkeiten und Vorschübe gefordert, um bis zu 50% kürzere Hauptzeiten zu realisieren.[12]

3.2 Einfluss der Geschwindigkeit

Die HSC-Zerspanungsprozesse erreichen höhere Schnitt- und höhere Vorschubgeschwindigkeiten im Vergleich zum konventionellen Spanen. Dadurch wird die gesamte Bearbeitungszeit verkürzt. Die Schnittgeschwindigkeit ist im Gegensatz zur herkömmlichen Zerspanung um den Faktor 5 bis 10 höher, wie man in Abbildung 3 erkenn kann.

Hier kann als weiteres Beispiel die Schnittgeschwindigkeiten von Stahlwerkstoffen(St) mit Hartmetallschneidstoffen hinzu gezogen werden:[13]

- Konventionelle Schnittgeschwindigkeit: v_c = 70… 250 m/min
- Hochgeschwindigkeitsbearbeitung (HSC): v_c = 700… 2500m/min

---

[11] (Tschätsch & Dietrich, Praxis der Zerspantechnik: Verfahren, Werkzeuge, Berechnung, 2008, S. 302)
[12] Vgl. (Hipp, 2002, S. 538) und (Gsänger, 2001, S. 2)
[13] (Tschätsch, Werkzeugmaschinen der spanlosen und spanenden Formgebung, 2003, S. 231-232)

Im Allgemeinen kann man sagen das HSC-Fräsen je nach Werkstoff mit Schnittgeschwindigkeiten zwischen 1000... 7000m/min arbeiten.[14]

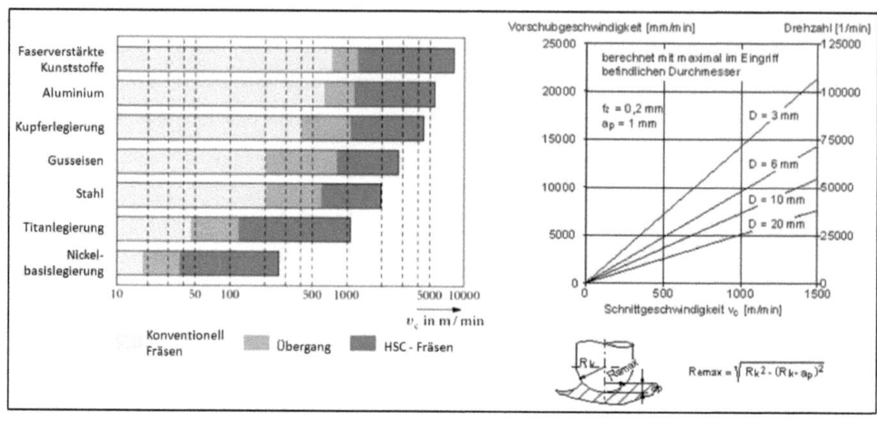

Abbildung 3: Schnitt- und Vorschubgeschwindigkeiten für die Hochgeschwindigkeitsbearbeitung[15]

Die Erhöhung der Schnittgeschwindigkeit beeinflusst weitere Parameter, die in Abbildung 4 dargestellt sind.

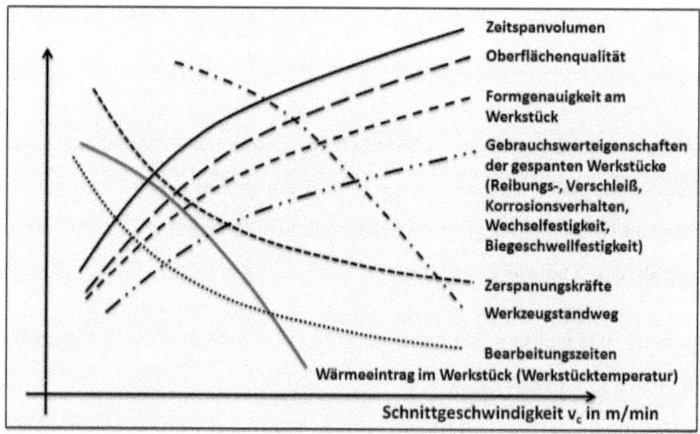

Abbildung 4: Auswirkung der HSC-Bearbeitung[16]

---

[14] (Kief & Roschiwal, 2007, S. 118)
[15] (Tschätsch & Dietrich, Praxis der Zerspantechnik: Verfahren, Werkzeuge, Berechnung, 2008, S. 303)
[16] Vgl. (Degner, Lutze, & Smejkal, 2009, S. 149)

Aufgrund der Hochgeschwindigkeitsbearbeitung vergrößert sich das Zeitspanvolumina bis zu 30%, die Bearbeitung am Werkstück erfolgt formgenauer und die Oberflächenqualität verbessert sich, was eine Einsparung nachfolgender Schleifoperationen bewirken kann. Die Gebrauchswerteigenschaften des gespanten Werkstückes wie zum Beispiel das Reibungs-, und Verschleißverhalten nehmen zu. Die Zerspanungskräfte können, durch die Veränderung des Spanablaufes, um das 30-fache geringer sein, was die Bearbeitung dünnwendiger Werkstücke möglich macht. Der Werkzeugstandweg wird geringer. Der Wärmeintrag im Werkstück bzw. die Werkstücktemperatur nimmt ab, da die Schnittgeschwindigkeit größer als die Wärmeleitgeschwindigkeit ist und die Wärme im Span bleibt. Dadurch wird ein Verzug des Werkstückes durch Erwärmung verhindert.[17]

3.3 Geschichte

Salomon entdeckte bereits 1931 die Vorteile, die sich beim Spanen mit hoher Schnittgeschwindigkeit ergeben. In dem deutschen Patent Nr. 523 594 [84] (siehe Anhang) beschrieb er, dass nach dem Erreichen eines Scheitelpunktes, bei parabelförmigem Anstieg de r Schnitttemperatur mit steigender Schnittgeschwindigkeit, die Temperatur trotz weiterem Anstieg der Schnittgeschwindigkeit wieder zurückgeht. Die Richtigkeit dieser Theorie durch einen experimentellen Nachweis wurde zu dieser Zeit noch nicht gegeben. Erst im Jahre 1956 wurde in der USA bei Lockheed durch Kronenberg und etwas später in der damaligen Sowjetunion im Grundsatz die Theorie von Salomon bestätigt. Kronenberg experimentierte bei der Stahlbearbeitung mit Geschwindigkeiten zwischen 40.000 und 50.000 m/min. Die Schnittgeschwindigkeiten konnten nur mit translatorischer Schnittrichtung realisiert werden, da es sich im Allgemeinen um Geschossgeschwindigkeiten handelte. Durch die ultrahohen Schnittgeschwindigkeiten (bis 60.000m/min) konnten mehrere wichtige Ergebnisse gewonnen werden. Die Werkzeuge hielten der hohen Schnittgeschwindigkeit stand und der Verschleiß des Werkzeuges war minimal. Die Oberfläche war qualitativ sehr gut und die Spanungsvolumina erreichten Größen, die bis zu 240-mal größer waren im Vergleich zu den heutigen Werten.[18]

3.4 Anwendungsgebiet

Die HSC- Technologie wird vor allem dort eingesetzt, wo hohe Anforderungen an Zerspanungsleistung und Oberflächenqualität gefordert werden. Typische Anwendungsgebiete sind der Flugzeugbau beim Fräsen von Hohlraumformen (Formwerkzeuge aus Werkzeugstahl, Gesenke), der Werkzeug- und Formbau und die Bearbeitung von empfindlichen Werkstückkonturen und Werkzeugen.[19] Ver-

---

[17] Vgl. (Degner, Lutze, & Smejkal, 2009, S. 147-148) und (aerotec, 2010)
[18] Vgl. (Degner, Lutze, & Smejkal, 2009, S. 144-145)
[19] Vgl. (Tschätsch, 2003, S. 231)

schiedene Werkstoffe lassen sich hinsichtlich statischer Verformungen und Schwingungen aufgrund ihrer unstabilen Bauweise nicht mit konventionellen Maschinen bzw. Schnittbedingungen bearbeiten. Hier kann man zum Beispiel Teile aus Aluminium mit dünnwandigen Stegen oder verschiedene Werkstoffe wie zum Beispiel Graphit dazu zählen. Aluminium Stege verformen sich durch die hohen Bearbeitungskräfte und das Graphit bricht aufgrund seiner Sprödheit bei der Bearbeitung mit niedriger Spindeldrehzahl aus.[20] Im Folgenden sind die typischen Anwendungsbereiche der HSC-Bearbeitung zusammengefasst: [21]

Anwendungsbereiche	Beispiel
Luft- und Raumfahrtindustrie	Strukturteile (Integralteile) Verbundwerkstoffbearbeitung Turbinenschaufeln
Automobilindustrie	Modelle Blechumformwerkzeuge Spritzgusswerkzeuge
Konsumgüter-, Elektro-/ Elektronikindustrie	Elektroden (Grafit/Kupfer) Werkzeugeinsätze (gehärtet) Modelle
Fördertechnik, Energieerzeugung	Verdichter räder, Schaufeln, Gehäuse

---

[20] Vgl. (Kief & Roschiwal, 2007, S. 120)
[21] (Tschätsch & Dietrich, Praxis der Zerspantechnik: Verfahren, Werkzeuge, Berechnung, 2008, S. 303)

3.5 Vorteile des HSC-Fräsen gegenüber dem konventionellen Fräsen [22]

Das HSC-Fräsen zeichnet sich durch wesentliche Unterschiede gegenüber dem konventionellen Frä-sen aus:

Konventionelle Bearbeitung (Spantiefe $a_p <= R_k$)	HSC-Fräsen (Spantiefe $a_p = 0{,}1\text{-}0{,}12 * R_k$)
• Niedrige Schnittgeschwindigkeiten und Vorschubgeschwindigkeiten	• Reduktion der Bearbeitungszeit bzw. der Hauptzeit durch höhere Schnitt- und Vorschubgeschwindigkeiten
• Der große Spanquerschnitt führt zu einer hohen Schnittwärme	• Durch die Ableitung der Wärme über die kleinen Spanquerschnitte wird die Werkstück-Erwärmung reduziert, was eine Minimierung der Schnittwärme gewährleistet.
• Hohe Bearbeitungskräfte / Zerspanungskräfte	• Die hohen Spindeldrehfrequenzen reduzieren die Bearbeitungskräfte. Verbesserte Oberflächengüte, Formgenauigkeit und bessere Standzeiten sind Folge der niedrigen Zerspanungskräfte.
• Die Prozesssicherheit wird als kritisch angesehen Zeilenfräsen: Durch die stark wachsenden Fräsbedingungen entsteht die Gefahr des Schneidenbruchs in den unteren Ecken.	• Der konstante Fräsprozess erhöht die Prozesssicherheit. Umrissfräsen: Die konstanten Fräsbedingungen über die ganze Höhe der Gravur führen zu verbesserten Werkzeugstandwegen und einer höheren Prozesssicherheit.
	=> Reduzierung der Kosten

---

[22] Vgl. (Koehler, 2004, S. 3), (Kief & Roschiwal, 2007, S. 117-118), (Gilner & Dohrn, 2005, S. 25)

4 Spezifische Merkmale und Einflussfaktoren des HSC-Fräsen

Das HSC- Fräsen ist durch die kontinuierliche Entwicklung verschiedener Technologien entstanden. Erst die Weiterentwicklung aller Teile und Parameter der Prozesskette ermöglicht die optimale Anwendung dieses leistungsstarken Bearbeitungsverfahrens. Im Folgenden wir ein Überblick über die Baugruppen und die Komponenten, die im Wesentlichen für die Optimierung des HSC-Fräsen verantwortlich sind, gegeben.

4.1 Werkzeugmaschine

Die industrielle Anwendung des HSC-Fräsens hängt grundsätzlich von der Entwicklung entsprechender Hochgeschwindigkeitswerkzeugmaschinen ab, da das zugrundeliegende Maschinenkonzept den größtmöglichen Einfluss auf die optimale HSC-Bearbeitung hat. Die Werkzeugmaschine muss für verschiedene Einsatzfälle gerüstet sein und den hohen kinematischen und dynamischen Anforderungen stand halten. Die charakteristischen Merkmale eines Bearbeitungszentrum, welche aus mindestens 3 translatorischen Achsen, Bahnsteuerung, die Möglichkeit mehrerer Bearbeitungsoperationen in einer Aufspannung und automatischem Werkzeugwechsel bestehen, sind die Standardausrüstung einer HSC-Fräsmaschine.[23]

Abbildung 5: DMU 60P duoBlock von DECKEL MAHO[24]

---

[23] Vgl. (Hansmann, 2006, S. 114 f.)
[24] (DMG)

Desweiteren sollte eine HSC-Maschine folgenden Ansprüchen gerecht werden: [25]

- Hohe Steifigkeit/Stabilität

Um Schwingungen und Resonanzen zu vermeiden, welche die Bearbeitung unmöglich machen, müssen die HSC-Maschinen kurze Auskragungen, sehr kurze Führungen und starre Schlitteneinheiten besitzen.

- Feingewuchtete, schwingungsfreie Spindelantriebe

Die hohen Umdrehungsfrequenzen bürgen die Gefahr des Werkzeugbruchs oder der Beschädigung der Oberfläche bei der Verwendung „konventioneller" Spindelanriebe. Da das Projektil, durch die extremen Kräfte bei einem Fräsbruch, die Geschwindigkeiten einer Pistolenkugel annehmen kann, ist hier außerdem die Anbringung kugelsicherer Abschirmungen unerlässlich.

- Vorhandensein einer Absaugeinrichtung

Staub und Späne könnten ansonsten Beschädigungen an der Oberfläche des bearbeiteten Teils und an den Führungen verursachen.

- Möglichst geringe Massen beschleunigen

Nur gewichtsarme Massen gewährleisten die erforderlichen hohen Beschleunigungsangaben von 1g bis 3g (im Vergleich 1g = Erdbeschleunigung v=9,81 m/s^2) und der Beschleunigungsspannung kV=2-4. Neue Antriebskonzepte, wie zum Beispiel der Linearantrieb sind gefordert.

Hochgeschwindigkeitsfräsmaschinen unterscheiden sich im Wesentlichen durch die Baugruppen Vorschubantrieb, Hauptspindel CNC-Steuerung und durch die Aufbaucharakteristiken.

4.2 Antrieb

- Vorschubantrieb

Die Bewegung zwischen Werkzeug und Werkzeugschneide und die damit verbundene Spanabtragung bezeichnet man als Vorschubbewegung. Um die hohen Geschwindigkeiten, die bei der HSC-Bearbeitung gefordert werden zu erreichen, werden für den Vorschubantrieb in der Regel Linearmo-

---

[25] Vgl. (Kief & Roschiwal, 2007, S. 120)

toren eingesetzt. Sie zeichnen sich durch die hohe erzielbare Endgeschwindigkeit aus und sind vor allem dann von Vorteil, wenn hohe Vorschubgeschwindigkeiten bei zum Beispiel großflächigen Werkstücken gefordert sind. Geschwindigkeiten bis zu 120 m/min bei Achsbeschleunigungen von 1-3g werden hier erreicht. Beim Linearmotor wird die Vorschubkraft direkt erzeugt, das heißt die Umwandlung von rotatorisch in linear entfällt und eine direkte lineare Bewegung erfolgt.[26] In der Praxis überwiegen noch die elektromechanischen Servolinearantriebe, jedoch die Lineardirektantriebe, die noch höhere Vorschubgeschwindigkeiten und Beschleunigungen wie die Servolinearantriebe gewährleisten, sind aus der Experimentierphase raus.[27]

- Hauptantrieb

Der Hauptantrieb überträgt die Schnittgeschwindigkeit. Heutige Werkzeugmaschinen verfügen meist über einen Direktantrieb, bei dem der Rotor des Elektromotors direkt auf der Hauptspindel sitzt (Motorspindel). Die Motorspindel beinhaltet Spindel und Motor in einem Objekt. Moderne Motorspindeln können Drehzahlen bis zu 80.000 min^{-1} (Vgl. Schnelllauf-Motor-Spindel Typ 960-101 von Henninger[28]) erreichen. Durchgesetzt haben sich bei den Hauptspindeln die wälzgelagerte Motorspindel, da diese ein gutes Preis-Leistungsverhältnis im Bezug auf die geforderte Zerspanungsleistung und die darauf resultierende Spindelleistung, aufweist. Die maximale Drehzahl der Hauptspindel mit Wälzlagerung liegt zwischen 15.000 und 40.000 min^{-1}. Entscheidend sind hier der Einsatz von Motorspindeln und Ölschmiersystemen, die einen weiter Anstieg der Drehzahl ermöglichen. Auch zu beachten ist die Forschung über die aktive Magnetfeldlagerung für Spindeln, die ebenfalls die Geschwindigkeit weiter erhöhen kann.[29] Abbildung 6 stellt die heute verwendeten Lagerarten von Hochgeschwindigkeits-Spindeln dar.

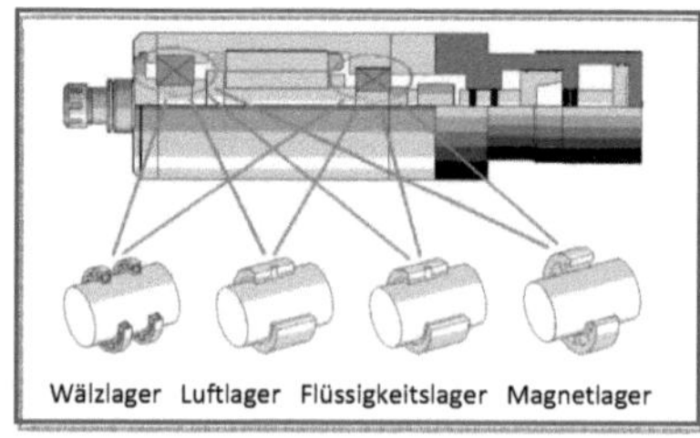

Abbildung 6: Lagerung von Hochfrequenzmotorspindeln[30]

---

[26] Vgl. (Lastro, 2007, S. 8)
[27] Vgl. (Tschätsch & Dietrich, Praxis der Zerspantechnik: Verfahren, Werkzeuge, Berechnung, 2008, S. 306)
[28] Vgl. (Henninger Präzisionstechnik)
[29] Vgl. (Tschätsch, Werkzeugmaschinen der spanlosen und spanenden Formgebung, 2003, S. 232) und
   (Lastro, 2007, S. 8)
[30] (Waldvogel & Paiha)

4.3 Steuerung

Die Hochgeschwindigkeitsfräsmaschinen sind mit 3 bis 5 simultan gesteuerten NC-Achsen ausgestattet und wahlweiser auch mit einem automatischen Werkzeugwechsler. Die Einsatzgebiete sind sehr universell und komplex. Die späte Akzeptanz und die zähe Entwicklung der HSC-Fräsmaschinen sind hauptsächlich auf die unzureichende Rechnerleistung von CNC`s zurückzuführen, da sie den Forderungen nicht gerecht werden konnten. Heutzutage werden aufgrund der komplexen Bearbeitung meist verbindungsprogrammierte, speicherprogrammierbare und CNC-Steuerungen eingesetzt. Um die Geometrie- und Technologiedaten aufzubereiten ist eine erhöhte Geschwindigkeit erforderlich. Eine auszureichende CAM Kapazität muss zur Verfügung stehen. Die folgenden Forderungen sind zu erfüllen, um den Ansprüchen der HSC-Bearbeitung gerecht zu werden:[31]

> ➢ Kurze Blockzykluszeiten
>
>   Die Blockzykluszeiten sollten, aufgrund der geringen Zeiten zum Einlesen und Bereitstellen der zu verarbeitenden NC-Sätze durch die hohe Vorschubgeschwindigkeit, im Bereich von 1ms liegen bzw. eine Verarbeitungsgeschwindigkeit von ca. 100 NC-Sätzen/s bewerkstelligen.
>
> ➢ „Lock-Ahead-Funktion"
>
>   Als Look-Ahead-Funktion wird eine Art vorschauende Betrachtung der Bahn des Fräsers bezeichnet. Dies gewährleistet das rechtzeitige erkennen von Ecken und Kanten, die vorzeitige automatische Reduktion des Vorschubes auf ein verträgliches Maß, die Vermeidung von Konturverletzungen und die gleichzeitige Anpassung der Spindel-Drehfrequenz.
>
> ➢ Hohe Steifigkeit der Antriebe
>
>   Um hohe Genauigkeiten und Beschleunigungen zu erreichen, muss eine hohe Steifigkeit der Antriebe mit hohem kV-Wert vorliegen.
>
> ➢ „Nachlauf Null"
>
>   Um eine optimale Konturtreue zu gewährleisten sollten die Achsen nach Möglichkeit ohne Schleppfehler verfahren (Nachlauf-Null).
>
> ➢ Direkte Verarbeitung der CAD-erzeugten Geometriedaten
>
>   Das Verstärkte einsetzen von CAD-Systemen fordert, dass die CNC die erzeugten Geometriedaten sofort übernehmen und verarbeiten sollte und diese nicht mehr, durch einen Postprozessor in lineare Vektorelemente, umgewandelt werden müssen. Ein geschmeidiges Maschinenverhalten, welches Auswirkungen auf die Oberflächenqualität der Werkstücke hat, lässt sich als Vorteil benennen.

---

[31] Vgl. (Kief & Roschiwal, 2007, S. 120-121)

4.4 Werkzeugspanntechnik und Werkzeugaufnahme

Für eine effiziente HSC-Bearbeitung zu gewährleisten ist desweiteren das System zwischen Spindel und Werkzeugaufnahme zu nennen. Das System aus Spindelstock, Spindel, Werkzeughalter, Werkzeug und Werkstück bildet eine Kette, welche die Stärke ihres schwächten Gliedes annehmen muss. Um dieses System zu stärken sind bei der Werkzeugspanntechnik ein sicherer Kraftschluss, eine hohe Haltekraft, eine exakte Zentrierung und eine hohe Rundlaufgenauigkeit von großer Bedeutung. Empfehlenswert ist hierbei die Verwendung von Präzisions- Hydrogen- oder Schrumpffutter.[32] Der Kraftschluss zwischen Werkstück und Maschine beeinflusst die Schnelligkeit des Werkzeugwechsels, die Größe der übertragenen Leistung und die Wechsel- und Wiederholungsgenauigkeit. In der Regel werden Kegelwerkzeuge, Schleifdorn- oder Spannzangenaufnahmen verwendet. Durch die hochgeschwindigkeitsgeeignete HSK-Werkzeugaufnahme (Hohlschaft-Kegel nach DIN 69893, vgl. Abbildung 7), die eine genormte Schnittstelle zwischen der Spindel und dem Werkzeuge besitzt ist das Problem der Verlagerung aufgrund der Fliehkraftwirkungen und die problematische Werkzeugaufnahme gelöst. Gegenüber dem Steilkegel wird eine höhere Genauigkeit und Steife versprochen. Verantwortlich sind die Aufnahme an der Spindelstirn und die Verspannung, die durch die Innenausweitung des Kegelschafts erreicht wird. Mit der Verkleinerung des Aushubwegs wird eine vereinfachte Werkzeugwechselbewegung gewährleistet.[33] Die Werkzeuge werden mit speziellen Werkzeugspannsystemen, die für Schnellfrequenzspindeln geeignete sind, gespannt.

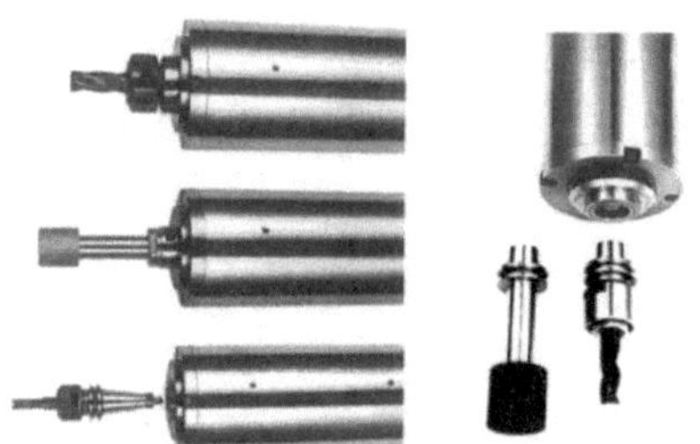

Abbildung 7: Unterschiedliche Werkzeugspannmöglichkeiten[34]
Spannzange, Schleifdorn, Steilkegelspannzangenaufnahme,
Hohlschaftschnittstelle mit Schleifdorn und Spannzangenaufnahme

---

[32] Vgl. (Scheja, 2010, S. 13)
[33] Vgl. (Tschätsch, Werkzeugmaschinen der spanlosen und spanenden Formgebung, 2003, S. 232)
[34] (Kaufeld, 1994, S. 195)

4.5 Maschinengestell

Das Maschinengestell ist in der Regel bei kleineren und mittleren HSC-Maschinen aus Mineralguss gefertigt. Dies bringt Vorteile, wie zum Beispiel eine 6- bis 10-mal höre Dämpfung als Grauguss und eine Wärmeleitfähigkeit 25-mal kleiner als Stahl, mit sich. Bei größeren Maschinen müssen spezielle Stahlschweißkonstruktionen für die geforderte Steifigkeit sorgen. Die neuartigen Konstruktionen auf Basis der Parallelkinematik als nichtkartesische Achskonzepte (Hexapode, Tripode) ermöglichen genügend Struktursteifigkeit und thermische Stabilität. [35]

4.6 Aufbaucharakteristik

Die im nachfolgenden vorgestellte Hexapod- Grundstruktur ist einer der wichtigsten Konstruktionen im Hinblick auf die HSC-Bearbeitung.

Beim Hexapod-Prinzip werden sechs längs verstellbare Streben mit Hilfe von Gelenken an einem festen Gestell befestigt. Das andere Endstück der Strebe ist über Gelenke an einer beweglichen Spindelhalterung mit dem Arbeits-Spindelmotor zur Aufnahme von Arbeitswerkzeugen befestigt. Durch die Gelenke, die mit mehreren Drehfreiheitsgeraden ausgestattet sind und die lineare Verstellbarkeit der Streben ist eine beliebige Positionierbarkeit des Werkzeuges in allen sechs Freiheitsgeraden, das bedeutet drei Rotationen und Translationen, gewährleistet. Damit besitzen Hexpod-Maschinen gegenüber konventionellen Maschinen wesentliche Vorzüge. Die Positionier- und Vorschubgeschwindigkeiten aufgrund der gering zu bewegenden Massen erlauben höher Werte. Die extrem auftretenden Kräfte werden gradlinig von den Achsen aufgefasst. Eine erhöhte Steife wird gewährleistet und die Steuerung übernimmt die Transformation, die mit der Positionierung der Antriebe verbundenen ist. Dadurch gibt es keinen Unterschied zur herkömmlichen Programmierung von NC-Maschinen.[36]

4.7 Parameter bei der Werkzeugauswahl

Die HSC-Fräsbearbeitung verlangt eine Auswahl von geeigneten Werkzeugen. Durch die große Auswahl der Fräsergeometrie am Markt sollte diese Auswahl bei der HSC-Bearbeitung nach objektiven Merkmalen getroffen werden. Aufgrund der hohen Drehzahlen der Spindel ist eine Präzession im

---

[35] Vgl. (Tschätsch & Dietrich, Praxis der Zerspantechnik: Verfahren, Werkzeuge, Berechnung, 2008, S. 306)
[36] Vgl. (Tschätsch & Dietrich, Praxis der Umformtechnik: Arbeitsverfahren, Maschinen, Werkzeuge, 2010, S. 177)

Rundlauf des Fräsers von <5 μm unerlässlich. Die Schneide erfordert eine Oberflächengüte von Rmax < 5 μm und die Schneidkante sollte einen Präzessionsschliff von <5 μm vorweisen können.[37]

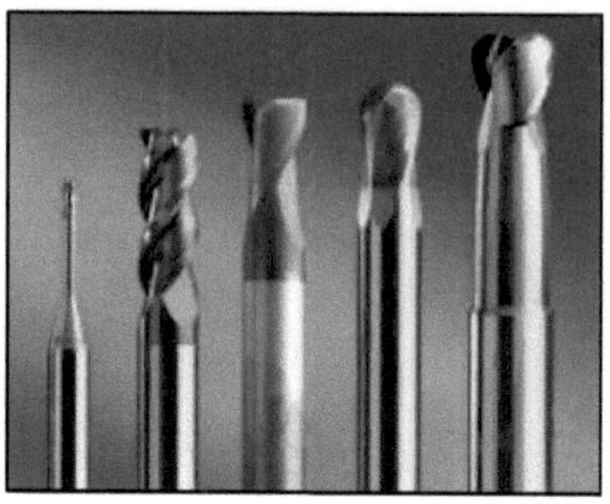

Abbildung 8: HSC-Fräser der Fa. Jabro[38]

---

[37] Vgl. (Gilner & Dohrn, 2005, S. 28)
[38] (Gilner & Dohrn, 2005, S. 30)

5 Aktuelle Technologie und Forschung

Im Kapitel 5 wird ein Überblick über die neusten Technologien und Forschungen im Bereich der Hochgeschwindigkeitsfräsbearbeitung gegeben. Zunächst wird der DMG Konzern, der zu den größten Technologieführern im Bereich der HSC-Bearbeitung zählt, vorgestellt. Desweiteren werden HSC-Fräszentren dargestellt und auf einzelne Komponenten der Hochgeschwindigkeitsbearbeitung einge-gangen.

5.1 DMG - Deckel Maho Gildemeister

In Deutschland sowie weltweit zählt die GILDEMEISTER AG zu den größten Werkzeugmaschinenher-stellern von CNC- gesteuerten Dreh- und Fräsmaschinen. Die Hauptniederlassung befindet sich in Bielefeld-Sennestadt. Im Jahre 1994 schlossen sich Gildemeister und die in finanzielle Schwierigkei-ten geratene Deckel Maho AG unter dem Namen DMG-**D**eckel **M**aho **G**ildemeister zusammen und sind unter dem Namen Gildemeister AG an der Börse notiert. Das Fräsmaschinenkonzept der Deckel Maho AG wurde weitergeführt.[39] Das Segment „Werkzeugmaschinen" beinhaltet das Neumaschi-nengeschäft mit den Technologien Fräsen, Drehen, Ultrasonic / Lasern sowie Electronics. Je nach Geschäftsfeld sind die zehn Produktionswerke der DMG in die vier Verbünde Fräsverbund, Fräs- und Fertigungsverbund sowie Drehverbund und Ecolineverbund gegliedert. Das Segment „Services" übernimmt die DMG Vertriebs und Service GmbH mit ihren Tochtergesellschaften. Gildemeister be-sitzt 73 eigene nationale und internationale Vertriebs- und Servicestandorte in 35 Ländern und die Anzahl der Mitarbeiter beträgt 5.367.[40] Deckel Maho besitzt eine jahrzehntelange Tradition in der HSC-Bearbeitung und legt großen Wert auf ein ganzheitliches Technologiekonzept als Basis einer geschlossenen HSC-Prozesskette. Integriert wird nicht nur die Maschine sondern CAM-Programmierung, Steuerungstechnik, Werkzeugtechnologie und Spanntechnik.[41]

Im März 2011 wird unter diesem Gesichtspunkt das neue HSC-Center in Geretsried eröffnet. Im Mittelpunkt steht die HSC-Prozesskette. Die eigenen HSC-Fräszentren werden dort vor-gestellt, die Wahl der richtigen Frässtrategie, die CAD-CAM-

Abbildung 9: HSC-Center von DMG

---

[39] Vgl. (wikipedia, Gildemeister AG)
[40] Vgl. (GILDEMEISTER)
[41] Vgl. (Kuttkat, MaschinenMarkt, 2009)

Strecke und die Steuerungs-Hard- und Software werden erläutert. Die Auswahl der Werkzeuge , deren Voreinstellung, Spann- und Wuchtzustand bis hin zu Kühlschmierstoffe, Messtechnik und Automatisierung runden das Gebiet der HSC-Bearbeitung ab.[42]

5.2 Hochgeschwindigkeitsfräscenter

> **HSC-Baureihe - High Speed Cutting Präzisionszentren**

DMG wirbt im Bereich der HSC-Bearbeitung mit seinen 5-Achs-HSC-Präzisionszentren mit Linear- bzw. Torque-Technologie in allen Achsen, bis zu 42.000 min^{-1} Spindeldrehzahlen, Beschleunigungen bis zu >2g und einer stabilen und langanhaltenden Bauweise. Garantiert sind 5- bis 10-fache Schnittgeschwindigkeiten, geringe Schnittkräfte und Vibrationen, was zu einer optimalen Oberflächenqualität führt.[43]

Im Folgenden wird die HSC 20 linear vorgestellt:

> **HSC 20 linear** - 5-Achs-Portalmaschine mit Lineartechnologie von DMG [44]

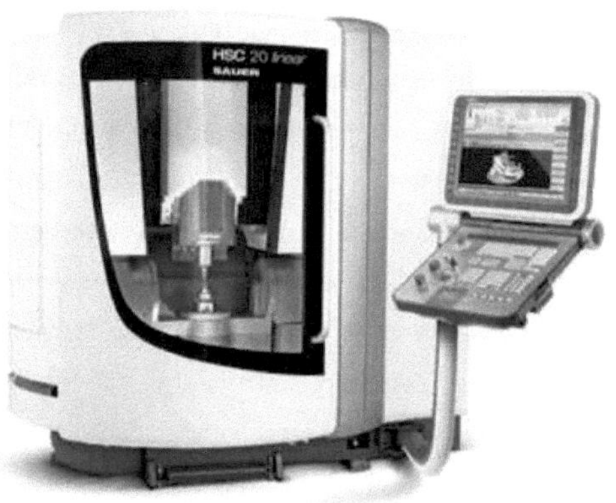

Abbildung 10: HSC 20 linear

---

[42] Vgl. (Itasse, 2011)
[43] Vgl. (Deckel Maho Gildemeister, 2009/2010)
[44] Vgl. (Deckel Maho Gildemeister, 2009/2010)

Die HSC 20 linear bietet eine kompakte Bauform auf 3,5 m^2, Linearantrieb in allen Achsen, Beschleunigungen von > 2g in X / Y / Z und eine mögliche Oberflächengüte von bis zu R_a 0,2 μm. Die 5-Achs-Simulatanbearbeitung und der integrierte Schwenkrundtisch ermöglichen eine hohe Flexibilität und die flüssigkeitsgekühlte SB 42 Bearbeitungsspindel bis zu 42.000 min^{-1}. Der Ständer aus massivem Mineralguss ist in monoBLOCK® - Bauweise gefertigt und gewährleistet somit höchste Steifigkeit, Stabilität und Schwingungsdämpfung. Für den Kunden sind optional ein integriertes Linearmagazin mit bis zu 99 Paletten und ein 60-facher Werkzeugwechsler erhältlich.

Bearbeitungsbeispiele HSC 20 linear:

Wassergekühlte HSC-Hochfrequenzspindel mit 42.000 min^{-1} im Standard

Integrierter NC-Schwenkrundtisch für die 5-Achs-Simultanbearbeitung

Technische Daten:

HSC 20 *linear*		
Arbeitsbereich X / Y / Z	mm	200 / 200 / 280
Werkzeugaufnahme		HSK-E32
Spindeldrehzahl max.	min^{-1}	42.000
Eilgang X / Y / Z	m/min	40
Werkzeuganzahl im Magazin		24 (60)*
DMG ERGO*line*® Control **mit 19"-Bildschirm und 3D-Software**		
Siemens **840D solutionline,** Heidenhain **iTNC 530**		

* optional

> ### Vertikale Bearbeitungszentren mit digitalen Servomotoren von Haas Automation

Das Unternehmen Haas Automation stellte auf der Messe Euromold 2010 die hochbelastbaren vertikalen Bearbeitungszentren der VM-Baureihe vor, die sich durch Genauigkeit, Steifigkeit, Geschwindigkeit und thermische Stabilität auszeichnen.

Abbildung 11: VM Baureihe von Hass Automation

Die Bearbeitungszentren sind in drei Größen (VM-2, VM-3, VM-6) lieferbar und mit folgenden Komponenten ausgerüstet:

- 12000er Spindel
- 22,4-kW-Vektor-Doppelantrieb, 12.000 U/min, Inline-Direktantrieb,
- seitlich angeordneter Werkzeugwechsler mit 24 +1 Magazinplätzen
- Hochgeschwindigkeitssteuerung mit Look-ahead-Funktion
- Tisch mit vielfältigen Aufspannmöglichkeiten
- digitalem Servomotor der neuesten Generation
- hochauflösende Messgeber, die kleiner, präziser und zuverlässiger als die Vorgängermodelle sind
- SK-40-Spindel
- Eilgänge bis zu 710ipm (18 m/min)
- automatisches Spänefördersystem (Spirale),

Außerdem sind die Bearbeitungszentren mit einer neuen Bahnsteuerungsstrategie ausgestattet, die gleichmäßige Bewegungsabläufe während der Bearbeitungszyklen und eine höhere Beschleunigung gewährleistet. Die neue Software verkürzt die Gesamtzykluszeit im Vergleich zu identischen Zyklen ohne diese Funktion um bis zu 20% und reduziert desweiteren die Schwingungsanfälligkeit.[45]

---

[45] Vgl. (Kuttkat, blechnet, 2010)

> **Huber & Grimme Bearbeitungssysteme: Fünf-Achs-Fräsmaschine für den Modellbau**

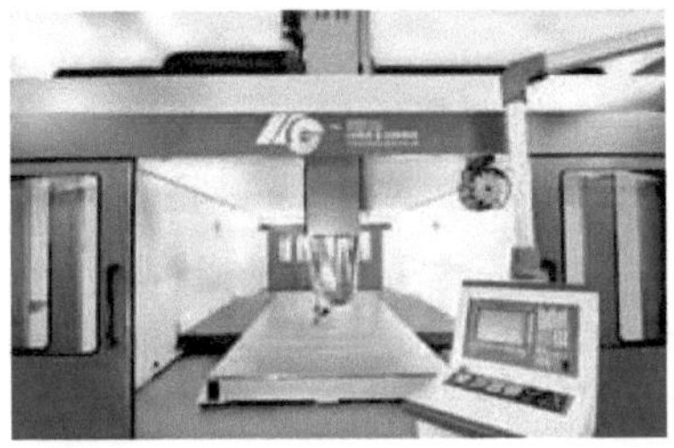

Das Unternehmen Huber & Grimme hat speziell für die Kunststoffbearbeitung und den Modellbau die Fünf-Achs-Fräsmaschine G-S-F/M entwickelt. Die Maschine wurde erstmals auf der Messe Euromold 2010 in Frankfurt am Main vorgestellt und Pilotanwender ist der Modelbauer Hirschbeck in Lichtenau. Die Maschine zeichnet sich durch das Gantry-Brückenkonzept aus, welches eine sehr hohe Fertigungsgenauigkeit trotz hochdynamischer Achsbeschleunigungen, ermöglicht. Außerdem ist eine HSC-Bearbeitung gewährleistet, die durch einen Eilgang bis zu 50m/min und einer Beschleunigung bis zu 4m/s gekennzeichnet ist.

Die Fräsmaschine besitzt über den Marktstandard hinaus bis zu 6000mm x 25000mm x600mm 3D Bearbeitungsmaße. Dadurch ist die Bearbeitung komplexer Bauteile in nur einer Aufspannung möglich. Die Nachbearbeitung des Werkstückes ist nicht mehr nötig. Die Werkstücke können aus CFK, GFK, Polyurethan, Ureol und Aluminium bestehen.

Das Bearbeitungszentrum ist mit einer Hochfrequenz-Frässpindel ausgestattet, die für eine Leistung von 11kW im Dauerbetrieb ausgerichtet ist. Der Gabelkopf zeichnet sich durch einen Schwenkbereich von ±115° aus und die vorgespannte Rollenumlaufführung gewährleistet eine maximale Steifigkeit. Die Achsen werden bei Stillstand mittels Klemmung in Position gehalten. Die Rundachsen C und A arbeiten mit integrierten Messsystemen in den Getriebeausgängen und die Z-Achse mit einem druckluftbeaufschlagten Gewichtsausgleich. Dies gewährleistet eine maximale Erhöhung der Achsbeschleunigung und eine Erhöhung der Lebensdauer laut Aussage des Herstellers.

Die Steuerung erfolgt durch eine SINUMMERIK 840D von Siemens und das Bearbeitungszentrum verfügt über einen automatischen Werkzeugwechsler, der mit einem 12-fachen Werkzeugmagazin ausgestattet ist.[46]

---

[46] Vgl. (Kraus, 2010)

5.3 Steuerung

> **SINUMERIK MDynamics - technologierte Lösung für die Fräsbearbeitung**

Die Steuerungstechnik Sinumerik MDynamiks von Siemens entwickelt für die HSC-Bearbeitung bündelt starkes Know-How im Bezug auf CNC-Hardware, intelligenten CNC-Funktionen und der CAD/CAM/CNC Prozesskette. Das Technologiepaket wird für 3-Achs-Fräsmaschinen und 5-Achs Fräsmaschinen angeboten und steht für die CNC-Systeme SINUMERIK 840D sl und SINUMERIK 828D zur Verfügung. Erstmals wurde die Technologie auf der EXPO in Mailand im Jahr 2009 vorgestellt. Das Fräspaket zeichnet sich durch die neue intelligente Bewegungsführung Advanced Surface, einen optimierten NC Daten-Kompressor, eine schnelle Anpassung an das Werkstück, Werkzeug- und Programmhandling, eine optimale Bearbeitung durch die flexible Programmierung programGuide und ShopMill und durch kürzeste Programmierzeiten, aus. Siemens wirbt mit einer Ermöglichung von perfekten Werkstückoberflächen bei gleichzeitig deutlich reduzierter Bearbeitungszeit. MDynamics ist in der Automobilindustrie, in der Flugzeugindustrie, sowie in der Energie- und Medizintechnik, in der Werkstattfertigung und im Werkzeug- und Formenbau, anwendbar.[47]

5.4 Antrieb

> **Magnetlager-Motorspindel**

Die Forderung der HSC-Bearbeitung nach hohen Geschwindigkeiten erfordert Frässpindeln mit ausreichend hoher Drehzahl. Eine wesentliche Rolle spielt hier die Lagerung. Wichtige Kriterien stellen außerdem eine hohe Drehzahl, guter Rundlauf, geringe Erwärmung, vibrationsfreier Lauf und lange Lebensdauer dar.[48] Hauptsächlich werden für die Fräsbearbeitung schnelllaufende Spindeln in der Regel mit Wälzlagern verwendet. Hier stößt die konventionelle Lagertechnik aufgrund von Lagerreibung, Einschränkungen hinsichtlich des Einsatzes von Schmiermitteln und vor allem bei der HSC-Zerspanung hinsichtlich dynamischer Eigenschaften, an ihre Grenzen. [49] Um diese Grenzen zu überwinden und die maximale Drehzahl, die Lebensdauer und die Zuverlässigkeit zu erhöhen wird auf dem Gebiet der Magnetlagerungstechnik geforscht.

---

[47] Vgl. (TEMA® Technik und Management, 2009)
[48] Vgl. (Waldvogel & Paiha)
[49] Vgl. (Petzold, 2006, S. 1)

Die Firma IBAG Switzerland AG hat sich unter anderem auf die Zerspanung mit Hochgeschwindigkeitsspindeln spezialisiert und ist im Gebiet einer der führenden Anbieter.

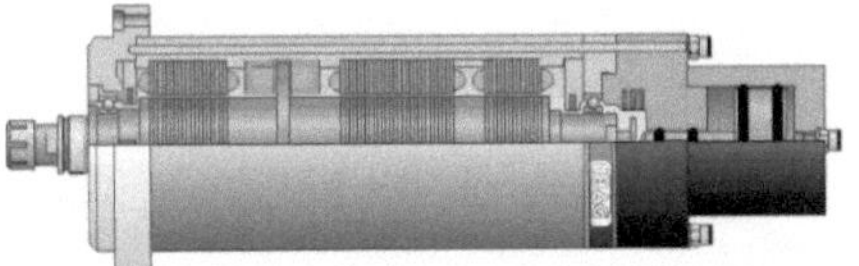

Technische Daten:

Typ	HF120MA80	HF200MA40
max. Drehzahl:	70.000 min^{-1}	40.000 min^{-1}
max. Dauerleistung:	7 kW	40 kW
max. Spitzenleistung:	10 kW	50 kW
Werkzeugschnittstelle:	HSK E 25	HSK E 50

Abbildung 12: Aufbau der IBAG Magnetlager-Motorspindel

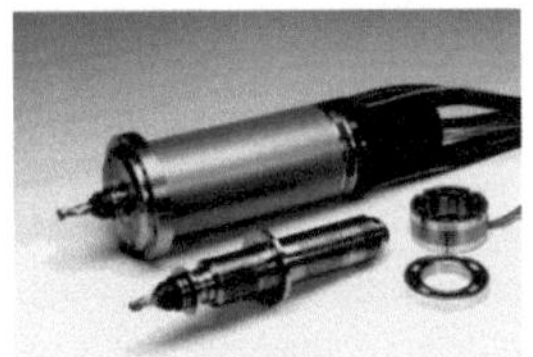

Abbildung 13: IBAG Magnetlager-Motorspindel HF120MA80
vorne: Welle komplett, rechts hinten: Radiallager, rechts vorne: Axiallager

Im Folgenden sind besondere Merkmale von AMB-Motorspindeln aufgeführt:

- Hohe Drehzahlen

  Die Wellen magnetgelagerter Motorspindeln schweben berührungsfrei und verursachen fast keine Reibung (Ausnahme: Luftreibung) und folglich kein Verschleiß. Weit höhere Drehzahlen sind dadurch im Vergleich zum Wälzlager möglich. Die Begrenzung liegt bei der mechanischen Festigkeit des Rotors.

- Große Leistung

  Der Wellendurchmesser ist nicht abhängig vom Lagerdurchmesser. Es kann eine größere Dimensionierung erfolgen und somit eine höhere Leistung erbracht werden.

- Unbegrenzte Lebensdauer

  Da die Lager keinem Verschleiß unterliegen sind ist die Lebensdauer unbegrenzt.

- Keine Wartung

  Außer der üblichen Reinigung benötigen die Magnetlager keine Wartung, da sie keiner Schmierung unterliegen.

- Gute dynamische Steifigkeit

Bei hohen Drehzahlen ist die dynamische Steifigkeit gleich oder besser wie die einer Wälzlagerspindel in vergleichbarer Leistungsklasse.

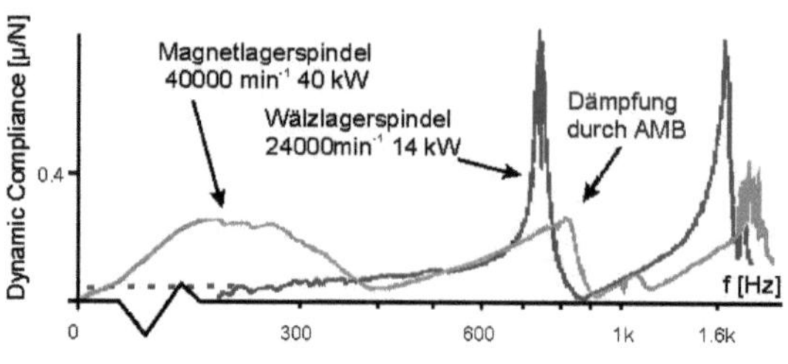

Abbildung 14: Dynamic Compliance

- Aktive Dämpfung der Eigenschwingung

  Wie in Abbildung 11 zu sehen ist kann die Eigenschwingung der Welle mit den Lagern wesentlich reduziert werden, soweit die Nulldurchgänge nicht genau in den Radiallagern liegen.

- Vibrationsfreier Lauf

  Durch die automatische Wuchtung (Rotieren der Welle um ihre Trägheitsachse) entstehen keine Schwingungen. Folglich sind durch den ruhigen Lauf glatte Oberflächen realisierbar und Präzisionsbearbeitung im µm-Bereich erreichbar. Desweiteren verlängern sich durch die geringere Vibration die Standwege der Werzeuge, was zu einer längeren Lebensdauer führt.[50]

> **Prototyp einer hochdynamischen Hochgeschwindigkeitsfräsmaschine mit innovativer Ruckentkopplungstechnologie**

Durch die Forderung nach höherer Dynamik und Positioniergenauigkeit ist der Linearantrieb entwickelt worden. Dieser bringt jedoch die Negative-Eigenschaft der Schwingungsanregungen im Maschinengestell mit sich. Die innovative Impuls- oder Rückentkopplungstechnologie des IFW's verhindert diese Schwingungen.

Das Institut für Fertigungstechnik und Werkzeugmaschinen (IFW) der Universität Hannover stellt eine hochdynamische Fräsmaschine mit Integration einer verbesserten Ruckentkopplungstechnologie für die translatorischen Vorschubachsen vor. Die 3 bis 5-achsige Werkzeugmaschine, speziell für die Hochgeschwindigkeitsbearbeitung entwickelt, kann mit einem maximalen Gewicht des Werkstückes von 200 kg im Formbau der Automobil- und Luftfahrtindustrie angewendet werden. Durch die Ruck-

---

[50] Vgl. (Waldvogel & Paiha)

entkopplungstechnologie, die sich mit der Aufhebung der dynamischen Begrenzung befasst, kann das volle Leistungspotential der Lineardirektantriebe ausgenutzt werden. Das Sekundärteil des Linearantriebs ist auf einem separaten Schlitten verschraubt und nicht direkt im Maschinenbett montiert. Der Schlitten ist am Maschinengestell über Feder-Dämpfer-Elemente integriert, was zu einer mechanischen Filterung der dynamischen Antriebskräfte führt und dadurch kritische Gestellschwingungen minimiert. Die Verwendung eines optimalen Maschinengestells und die Auswahl eines hochdämpfenden Werkstoffes ermöglicht hier eine hochgenaue Bearbeitung bei sehr dynamischen Bewegungen.[51]

5.5 Spanfutter

> **Schwingungsgedämpfte Spannfutter verbessern die Stabilität von Fräsprozessen**

Die Bearbeitungsgeschwindigkeit und die Bearbeitungsgenauigkeit sind Parameter für die Qualität und die Kosten eines Zerspanungsvorgangs. Beide sind maßgeblich von der Wahl des Spannfutters abhängig. Aufgrund dessen entwickelte die Firma System 3R International AAB das Spannfutter Vibration Damped Palletization (VDP) und ließ sich dieses patentieren. Das Spannfutter verringert die Schwingungen des Werkzeuges. Es besitzt eine dämpfende Schnittstelle, die aus einem Verbundwerkstoff hergestellt ist. Der Verbundwerkstoff besteht aus viskoelastischen Polymeren und Metallfolien (für strukturelle Steifigkeit). Durch den Einsatz des VDP-Futters bei Zerspanungsmaschinen wird eine Minimierung der Zerspanungszeit bis zu 32% und eine Verbesserung der Oberflächenqualität bis zu 72% ermöglicht. Die Schnitttiefe kann bei Hochgeschwindigkeitsfräsmaschinen bei 10.000 min^{-1} von 3mm auf 9mm erhöht werden durch den Einsatz des VDP-Spannfutters. Die Firma System 3R International AAB passt das VDP-Spanfutter durch die Software LMS-Test Lab an die Bearbeitungsmaschinen an. Als erstes misst man die Schwingungen an Maschine und Werkstück ohne das VDP-Spannfutter, um aus den Daten den erforderlichen Dämpfungsgrad für die Schnittstelle im Spannsystem zu ermitteln. Anschließend wird mit Prototypen ein Betriebstest durchgeführt, um die Auslegung des Spannfutters weiter zu optimieren.[52]

---

[51] Vgl. (Denkena, Möhring, & Gümmer, 2010)
[52] Vgl. (TEMA® Technik und Management, 2010)

5.6 Werkzeugauswahl

➢ Polykristalliner Diamant für das Hochgeschwindigkeitsfräsen

Beim HSC-Fräsen, typischerweise in der Automobilindustrie, werden Diamant-Werkzeuge mit mittlerer Korngröße auf der Basis von CVD (polykristalliner Diamant) verwendet. Diese entsprechen nicht mehr den Forderungen des HSC-Fräsen und können auch nicht mehr durch eine Änderung der Korngröße verbessert werden. Das Unternehmen MegaDiamond Inc. hat die Technologie nun von Grund auf verwendet. Der neue entwickelte und eingesetzte Werkstoff für die Werkzeuge hat die Bezeichnung AMX. Das Diamantenpulver befindet sich weiterhin in der mittleren Korngröße besitzt jedoch eine wesentlich geringere Streuung. MegaDiamond Inc. nutzt das patentierte HSC-Verfahren (high-shear-compaction) und eine neuartige Pulveraufbereitung um eine gleichförmige Mikrostruktur und eine hochfeste Bindung zwischen den Diamantenkristallen zu ermöglichen. Dadurch erhalten die AMX-Werkzeuge eine höhere Härte, Schneidhaltigkeit, Verschleißfestigkeit, thermische Beständigkeit und damit eine längere Lebensdauer. Die Rauhigkeitswerte und die Werkstoffbearbeitung mittels Drahterodieren sind verbessert.[53]

➢ Schneller und länger fräsen

Die Firma Nachreiner aus Balingen-Streichen ermöglicht durch die Weiterentwicklung des „Superstar-Fräsers" für weiche und harte Werkstoffe eine weitere Erhöhung der Geschwindigkeit bei gesteigerter Standzeit. Dies ist durch die neue Geometrie der Superstar-Serie realisierbar. Die Fräser besitzen 4 Schneiden mit verschiedener Spiralsteigung. Durch die größere Spankammer wird bei schnellen Vorschüben und hohen Schnittgeschwindigkeiten eine Verbesserung der Spanförderung gewährleistet. Die erweiterten Nuttenquerschnitte sorgen für den verbesserten Transport der Späne aus der Kontaktzone und sind deshalb für eine Bearbeitung mit hohen Vorschubgeschwindigkeiten und Schnitttiefen geeignet. Die Schneidegeometrie reduziert die Vibration bei erhöhten Vorschüben, was zu einer geringeren Beanspruchung des Werkzeuges im Torsionswechsel führt. Die Werkzeuge sind gegen die hohen Bearbeitungskräfte gerüstet und die Beschichtung auf den drei Beschichtungsanlagen vor Ort ermöglicht eine weitere Verbesserung der Werkzeugeigenschaften. Der Inhaber Siegfried Nachreiner bestätigt für das Schlichten, Schruppen, Fein- und Schruppschlichten unterschiedlicher Werkstoffe wie Stahl, Inox, Titan oder Guss 50 Prozent niedrigere Hauptzeiten, eine ho-

---

[53] Vgl. (TEMA® Technik und Management , 2009)

he Standzeit, einen vibrationsfreien Lauf, bis zu 60 Prozent mehr Vorschub, bessere Oberflächengüte und größere Schnitttiefen.

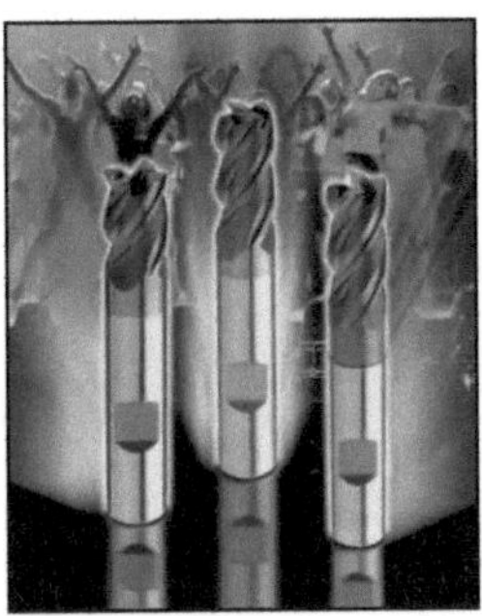

Abbildung 15: HSC-Superstar-Fräser[54]

Die HSC-Superstar-Fräser Serie werden als VHM-HPC in der Kurz-, Lang- und Extralang-Version, mit Innenkühlung oder mit Ecken-, Vollradius und in Spezialausführung, angeboten.[55]

---

[54] (Nachreiner, 2010, S. 209)
[55] Vgl. (mav maschinen anlagen verfahren, 2010, S. 56)

6 Fazit

Die Kosten, die bei einem Zerspanungsprozess anfallen, werden von vielseitigen Faktoren beeinflusst. Die HSC-Bearbeitung bietet durch die Verbesserung der oben aufgeführten Prozessparameter die Chance, deutliche Einsparungen zu erzielen, auch wenn nicht bei jedem einzelnen Prozessparameter eine Verbesserung ausgeführt wird. Zum Beispiel kann mit der vorhanden Fertigungsanlage gearbeitet werden und durch den Einsatz von Hochgeschwindigkeitswerkzeugen eine Einsparung erzielt werden. Das wichtige dabei ist, dass die Prozessparameter aufeinander abgestimmt sind, denn einseitige und unvollständige Optimierung führen nicht zu Einsparungen, sondern im „worst case" zur Gefährdung der Prozesssicherheit.[56] Firmen, die HCS-Technologien im Einsatz haben, sind gewappnet für den internationalen Wettbewerb. Computertechnologien und angepasste CAD/CAM Systeme erhöhen die Produktivität. Weiter wird geforscht mit neuen Verbundwerkstoffen im Bereich der Schneidstofftechnologie, um eine noch höhere Temperaturbeständigkeit zu erreichen. Daraus resultiert eine weitere Steigerung der Schnittgeschwindigkeiten und Produktivität. Die rasante Entwicklung in der Maschinentechnologie führt zu einer Prozesszeitreduzierung von über 70%. Wirtschaftlichkeitsaspekte und Kosteneinsparungen stehen bei einer solchen Reduzierung nicht in Frage.[57] Die Forschung und Entwicklung der Hochgeschwindigkeitsbearbeitung wird noch lange nicht abgeschlossen sein und eine immer weitere Steigerung der Zerspanleistung wird sicherlich zum Ziel gesetzt.[58] Die Basis für die HSC-Bearbeitung weiter zu etablieren und auszureifen stellt hierzu eine gute Kooperation zwischen Anwendern, Werkzeugherstellern und Maschinenherstellern da.

---

[56] Vgl. (Gsänger, 2001, S. 6)
[57] Vgl. (Gilner, et al., 2005 S. 30)
[58] Vgl. (Metall-Technik-Werkzeug, 2009)

Literaturverzeichnis

(1) aerotec. (2010). *HSC-Fräsen in neuen Dimensionen.* Abgerufen am 18. Februar 2011 von www.aerotec-online.com/alubearbeitung-hsc-frasen-in-neuen-dimensionen/

(2) Awiszus, B., & Bast, J. (2007). *Grundlagen der Fertigungstechnik.* München: Carl Hanser Verlag.

(3) Deckel Maho Gildemeister. (2009/2010). *DMG Lieferprogramm, HSC 20 linear.* Abgerufen am 26. Februar 2011 von http://nl.dmg.com/ino/lieferprogramm_09/de/fr_hsc_20.htm

(4) Deckel Maho Gildemeister. (2009/2010). *Fräsmaschinen Übersicht.* Abgerufen am 26. Februar 2011 von http://www.dmg.com/de,fraesmaschinen,uebersicht

(5) Degner, W., Lutze, H., & Smejkal, E. (2009). *Spanende Formung: Theorie, Berechnung, Richtwerte* (Bd. 16). München: Carl Hanser Verlag.

(6) Denkena, B., Möhring, H.-C., & Gümmer, O. (2010). *Institut für Fertigungstechnik und Werkzeugmaschinen (IFW), Universität Hannover, Ruckentkopplungstechnologie.* Abgerufen am 20. Februar 2011 von http://tecfinder.fiz-technik.de/tecfinder/faces/facelets/search/fullview/fullview.jsp#ancore_full_view

(7) Director Referate. *Referat Fräsen.* Abgerufen am 26. Januar 2011 von http://www.referate10.com/referate/Kunst/5/Referat-Frasen-reon.php

(8) DMG *duoBLOCK der 3. Generation - maximaler Arbeitsraum bei minimalem Platzbedarf für die 5-Achs-Bearbeitung.* Abgerufen am 20. Februar 2011 von http://www.dmg.com/de,fraesmaschinen,dmu60pduoblock?opendocument

(9) GILDEMEISTER. *Konzern – DMG | DECKEL MAHO | GILDEMEISTER.* Abgerufen am 28. Februar 2011 von http://ag.gildemeister.com/de/3-konzern

(10) Gilner, A., & Dohrn, A. (30. Juni 2005). *Frauenhofer Institut für Lasertechnik .* Abgerufen am 18. Dezember 2010 von http://www.ilt.fraunhofer.de/ilt/pdf/ger/Abschlussbericht_Mikrotool.PDF

(11) Gsänger, D. (29. November 2001). *Gühring.* Abgerufen am 18. Januar 2011 von Chancen und Grenzen des High Performance Cutting: http://www.guehring.de/englisch/technik/pdf/fachaufsatz.pdf

(12) Hansmann, K.-W. (2006). *Industrielles Management*. München: Oldenbourg Wissenschaftsverlag.

(13) Henninger Präzisionstechnik. *Schnelllauf-Motor-Spindel Typ 960/965*. Abgerufen am 20. Februar 2011 von http://www.henningerkg.de/d_800/html/motorspindeln.php

(14) Hipp, U. (2002). *Taschenbuch der Werkzeugmaschinen*. (K.-J. Conrad, Hrsg.) München, Wien: Carl Hanser Verlag.

(15) Itasse, S. (22. Februar 2011). *MaschinenMarkt*. Abgerufen am 28. Februar 2011 von DMG eröffnet Geretsrieder HSC-Center im März: http://www.maschinenmarkt.vogel.de/themenkanaele/produktion/zerspanungstechnik/articles/304231/

(16) Jacobs, A. (21. Dezember 2006). *uni-hannover Studienarbeit*. Abgerufen am 17. Dezember 2010 von http://www.zdt.uni-hannover.de/images/e/e9/Studienarbeit_Andreas_Jacobs.pdf

(17) Kaufeld, M. (1994). *Rationalisierung durch Hochgeschwindigkeitsbearbeitung.: Ein Weg zur Fabrik 2000*. Renningen-Malmsheim: Expert Verlag.

(18) Kief, H. B., & Roschiwal, H. A. (2007). *NC / CNC Handbuch 2007 / 2008: CNC, DNC, CAD, CAM, CIM, FFS, SPS, RPD, LAN, NC-Maschinen, NC-Roboter, Antriebe, Simulation, Fach- und Stichwortverzeichnis*. München: Carl Hanser Verlag.

(19) Koehler, W. (2004). *Analyse des Einflusses der Schneidenform auf den Hochleistungsbohrprozess [Diss.]*. Nordersted: Grin Verlag.

(20) König, W., & Klocke, F. (2002). *Fertigungsverfahren Drehen, Fräsen, Bohren* (Bd. 7 korrigierte Auflage). Berlin, Heidelberg: Springer Verlag.

(21) Kraus, J.-M. (17. November 2010). *MaschinenMarkt Das Industrie Portal, Fünf-Achs-Fräsmaschine für den Modellbau*. Abgerufen am 20. Februar 2011 von http://www.maschinenmarkt.vogel.de/themenkanaele/produktion/zerspanungstechnik/articles/292840/

(22) Kuttkat, B. (22. November 2010). *blechnet*. Abgerufen am 20. November 2011 von Vertikale Bearbeitungszentren mit digitalen Servomotoren: http://www.blechnet.com/themen/zerspanung/articles/293334/

(23)Kuttkat, B. (5. Februar 2009). *MaschinenMarkt*. Abgerufen am 28. Februar 2011 von HSC-Prozesskette steht bei internationaler Roadshow im Fokus: http://www.maschinenmarkt.vogel.de/themenkanaele/produktion/zerspanungstechnik/articles/169731?icmp=aut-artikel-articles-up

(24)Landesakademie für Fortbildung und Personalentwicklung an Schulen. (kein Datum). *HPC- und HSC- Bearbeitung*. Abgerufen am 17. Dezember 2010 von http://lehrerfortbildung-bw.de/bs/berufsbezogen/metalltechnik/material/841304_stanz_umform/hsc/

(25)Lastro, M. (2007). *High Speed Cutting und der Einsatz von CAD/CAM [Diss.]* . Norderstedt: GRIN Verlag.

(26)mav maschinen anlagen verfahren. (2010). *Schneller und länger fräsen, Nachreiner GmbH.* Abgerufen am 20. Februar 2011 von http://www.wiso-net.de/webcgi?START=A60&DOKV_DB=ZECO&DOKV_NO=MAVMAV32397092&DOKV_HS=0&PP=1

(27)Metall-Technik-Werkzeug. (26. Januar 2009). *Fräser*. Abgerufen am 17. Dezember 2010 von http://nrw-24.de/Metall/fraeser/

(28)Nachreiner. (1. Januar 2010). *Nachreiner Katalog 102 Spanabhebende Werkzeuge*. Abgerufen am 1. März 2011 von http://www.nachreiner-werkzeuge.de/fileadmin/Katalog/

(29)Petzold, O. (19. Oktober 2006). *uni-magdeburg*. Abgerufen am 20. Februar 2011 von http://diglib.uni-magdeburg.de/Dissertationen/2006/olapetzold.pdf

(30)Rheinisch-Westfälische Technische Hochschule Aachen. (5. August 2004). *High performance cutting*. Abgerufen am 17. Dezember 2010 von http://www.uni-protokolle.de/nachrichten/id/86529/

(31)Röders, J. (8. September 2010). *Mschinenmarkt - das Industrie Portal, High Speed Cutting* . Abgerufen am 18. Januar 2011 von http://www.maschinenmarkt.vogel.de/themenkanaele/produktion/zerspanungstechnik/articles/281165/

(32)Salomon, C. (2. April 1931). *departisnet*. Abgerufen am 1. März 2011 von http://depatisnet.dpma.de/DepatisNet/depatisnet?window=1&space=main&content=einsteiger&action=treffer

(33)Scheja, M. (2010). *Hochgeschwindigkeitsbearbeitung- Bearbeitungszentren und ihre Einflussfaktoren, Studienarbeit*. Norderstedt: GRIN Verlag.

(34)TEMA® Technik und Management . (2009). *PCD engineered for the demands of high-speed milling, Industrial Diamond Review - IDR*. Abgerufen am 20. Februar 2011 von fiz-technik: http://tecfinder.fiz-technik.de/tecfinder/faces/facelets/search/fullview/fullview.jsp#ancore_full_view

(35)TEMA® Technik und Management. (2009). *Neuer Meilenstein im Fräsen. Sinumerik MDynamics-technologieorientierte Lösung für die Fräsbearbeitung.* Abgerufen am 20. Februar 2011 von fiz-technik: http://tecfinder.fiz-technik.de/tecfinder/faces/facelets/search/fullview/fullview.jsp#ancore_full_view

(36)TEMA® Technik und Management. (2010). *Schwingungsgedämpfte Spannfutter verbessern die Stabilität von Fräsprozessen.* Abgerufen am 20. Februar 2011 von fiz-technik: http://tecfinder.fiz-technik.de/tecfinder/faces/facelets/search/fullview/fullview.jsp#ancore_full_view

(37)Tschätsch, H. (2003). *Werkzeugmaschinen der spanlosen und spanenden Formgebung* (Bd. 8). München, Wien: Carl Hanser verlag.

(38)Tschätsch, H., & Dietrich, J. (2010). *Praxis der Umformtechnik: Arbeitsverfahren, Maschinen, Werkzeuge.* Wiesbaden: Vieweg + Teubner.

(39)Tschätsch, H., & Dietrich, J. (2008). *Praxis der Zerspantechnik: Verfahren, Werkzeuge, Berechnung* (Bd. 9). Wiesbaden: Viewg+Teubner, GWV-Fachverlage.

(40)urbschat tools. (modifiziert: 16. Februar 2011). Abgerufen am 17. Januar 2011 von http://www.urbschat-tools.de/kunden/urbschat-tools.de/29/index.html

(41)Waldvogel, U. G., & Paiha, W. *tu-dortmund - maschinenbau, Leistungsvermögen von Aktiven Magnetlager-Motorspindeln.* Abgerufen am 20. Februar 2011 von http://www-isf.maschinenbau.tu-dortmund.de/archiv/tagungen/3-d_erfahrungsforum_1999/forum3d/vortrage/Waldvoge.htm

(42)wikipedia Fräsen. Abgerufen am 16. Dezember 2010 von http://de.wikipedia.org/wiki/Fräsen

(43)wikipedia High performance cutting. (8. August 2010). Abgerufen am 17. Dezember 2010 von http://de.wikipedia.org/wiki/High_Performance_Cutting

(44)wikipedia, Gildemeister AG. Abgerufen am 28. Februar 2011 von http://de.wikipedia.org/wiki/Gildemeister_AG

(45)wikipedia, Härte. (modifiziert:2011). Abgerufen am 26. Januar 2011 von http://de.wikipedia.org/wiki/H%C3%A4rtepr%C3%BCfung#H.C3.A4rtepr.C3.BCfung_nach_Ro ckwell.

(46)Witec Präzissionstechnik. (2010). *WiTEC Fräser für HSC Fräsmaschinen und Laesermaschinen.* Abgerufen am 16. Januar 2010 von http://fraeseronline.de/Produkte/tipp_einzahnfraeser_p.html

Patentschrift

> **Patent DE000000523594A**: Verfahren zur Bearbeitung von Metallen oder bei einer Bearbeitung durch schneidende Werkzeuge sich ähnlich verhaltenden Werkstoffen[59]

DEUTSCHES REICH

AUSGEGEBEN AM
27. APRIL 1931

REICHSPATENTAMT

PATENTSCHRIFT

№ 523594

KLASSE **49** b GRUPPE 1

S 68970 I,49 b

Tag der Bekanntmachung über die Erteilung des Patents: 2. April 1931

Fried. Krupp Akt.-Ges. in Essen, Ruhr*)

Verfahren zur Bearbeitung von Metallen oder bei einer Bearbeitung durch schneidende
Werkzeuge sich ähnlich verhaltenden Werkstoffen

Patentiert im Deutschen Reiche vom 27. Februar 1926 ab

Bei der Bearbeitung von Metallen oder anderen Werkstoffen, die sich bei der Bearbeitung ähnlich verhalten, war praktisch die Schnittgeschwindigkeit der bearbeitenden Werkzeuge (Fräser, Bohrer, Sägen o. dgl.) nach oben hin beschränkt. Es ergibt sich nämlich bei steigender Geschwindigkeit, und zwar je nach der Beschaffenheit des bearbeiteten Werkstoffes und des bearbeitenden Werkzeuges früher oder später eine Grenze, bei welcher die Spantemperatur bzw. die Temperatur des Werkzeuges an der Schneide so hoch wird, daß sich das Gefüge des Werkstoffes, aus dem das Werkzeug besteht, ändert und das Werkzeug infolgedessen seine Schneidhaltigkeit verliert.

Versuche haben nun ergeben, daß eine Kurve, die aus den Schnittgeschwindigkeiten als Abszissen und den bei der betreffenden Schnittgeschwindigkeit erhaltenen Temperaturen als Ordinaten aufgezeichnet wird, eine zunächst allmählich ansteigende Form aufweist, dann aber, unter der Voraussetzung, daß dem Werkzeug die Schnittgeschwindigkeit erteilt wird, bei einer bestimmten Grenze wieder umkehrt und abfällt.

In der Zeichnung ist die aufgezeichnete Kurve, welche den Temperaturbedarf in Abhängigkeit von der Schnittgeschwindigkeit darstellt, die obenerwähnte Kurve für ein bestimmtes Material.

Will man dieses Material nun mit einem Werkzeug aus einem bestimmten Werkstoff (Kohlenstoffstahl, Schnellaufstahl oder Stellit, Akrit und ähnliche) bearbeiten, so schneidet eine Gerade, welche parallel zur Abszissenachse liegt, und zwar in einer Entfernung t, welche der kritischen Temperatur des betreffenden Werkstoffes des Werkzeuges entspricht, die Temperaturkurve in zwei Punkten a und b. Im allgemeinen gilt für Kohlenstoffstahl als kritische Temperatur etwa 350 bis 400° C, für Schnellstahl etwa 550 bis 600° C, für Stellit u. dgl. etwa 800 bis 900° C.

Die den Punkten a und b zugehörigen Schnittgeschwindigkeiten sind v_a und v_b. Diese beiden Schnittgeschwindigkeiten stellen nun die kritischen Geschwindigkeiten für das betreffende Werkzeug und das betreffende Werkstück dar, d. h. man darf mit der Geschwindigkeit nicht über die durch den ersten Punkt a festgelegte Schnittgeschwindigkeit und nicht unter die durch den zweiten Punkt b festgelegte Schnittgeschwindigkeit gehen, wenn eine ordnungsmäßige Bearbeitung stattfinden soll.

Da bei den meisten im Maschinenbau be-

**) Von dem Patentsucher ist als der Erfinder angegeben worden:*

Dr.-Ing. Carl Salomon † in Berlin-Halensee.

---

[59] (Salomon, 1931)